# DU CONCOURS

## DES

# CANAUX ET DES CHEMINS DE FER

## AU POINT DE VUE

# DE L'UTILITÉ PUBLIQUE.

PARIS. — IMPRIMERIE DE FAIN ET THUNOT,
Rue Racine. 28, près de l'Odéon.

# DU CONCOURS

### DES

# CANAUX ET DES CHEMINS DE FER

### AU POINT DE VUE

## DE L'UTILITÉ PUBLIQUE.

---

## RÉSUMÉ SUCCINCT DE LA DISCUSSION.

---

PAR

## Ch. COLLIGNON,

INGÉNIEUR EN CHEF DES PONTS ET CHAUSSÉES.



# PARIS.

## CARILIAN-GŒURY ET Vor DALMONT, ÉDITEURS,

LIBRAIRES DES CORPS ROYAUX DES PONTS ET CHAUSSÉES ET DES MINES,

Quai des Augustins, nᵒˢ 39 et 41.

---

Juin 1845.

d'un autre côté, elle m'impose le devoir de préciser les termes de la question, et de la replacer sur le terrain de l'Utilité publique, dont on s'efforce de la faire sortir. C'est le but que je me propose ici. L'examen sommaire des objections qu'on me fait et du système qu'on m'oppose m'y conduira sûrement. J'aborde donc tout de suite et le système et les critiques du publiciste de la *Presse*.

Que veut M. Teisserenc? A-t-il un but? et quel est-il?

Je le cite textuellement :

« Tracer un chemin de fer le long d'un canal déjà » achalandé, et, à plus forte raison, exécuter simul- » tanément dans les mêmes vallées et au travers des » mêmes villes un canal et un chemin de fer, *c'est* » *partager entre deux voies le mouvement auquel une* » *seule eût pu suffire;* c'est compromettre le succès » financier de deux entreprises, dans lesquelles sont » engagés d'immenses capitaux, c'est faire un mau- » vais emploi de la fortune publique (1). » Tel est l'énoncé que M. Teisserenc donne lui-même de son opinion, et qui se reproduit à peu près dans les mêmes termes dans tous les écrits qu'il a publiés depuis 1838. Telle est en un mot, selon sa propre expression, « *l'idée au service de laquelle il s'est* *voué* (2). »

(1) *Presse* du 14 avril dernier.
(2) *Ibidem.*

D'ailleurs, pour compléter *l'idée* de M. Teisserenc, il faut ajouter qu'il admet :

1° *Que les chemins de fer et les canaux se prêtent également bien au transport de la marchandise;*

2° *Que l'amélioration et le perfectionnement de nos lignes de navigation seront la conséquence indispensable de leur éloignement des lignes de chemins de fer.*

Voici à ce sujet comment s'exprime M. Teisserenc, dans l'écrit qu'il a plus particulièrement destiné à faire triompher son système (1).

« Les canaux de l'est seront les égaux des canaux » du midi et du nord, sitôt qu'ils posséderont une » série non interrompue de relais échelonnés le long » de leur cours; et les services de relais s'organise- » ront, le jour où les chômages deviendront moins » longs et moins fréquents, la remonte pécuniai- » rement possible. Alors les bateaux pontés mettront » le commerce à l'abri des infidélités des mariniers, » la rapidité de la marche préviendra les avaries, et » la majeure partie de ce roulage, qui écrase au- » jourd'hui la route de terre, viendra enrichir les » voies d'eau. C'est ce but auquel nous devons tendre, » c'est ce but que nous atteindrons sûrement et » promptement, *si nous n'abandonnons pas, à la veille* » *d'en recueillir les fruits, une grande œuvre presque* » *achevée, qui ne demande plus qu'un dernier effort...* »

Enfin, en se reportant à l'article signé que M. Teis-

(1) Des principes généraux qui doivent présider au choix des tracés des chemins de fer (Extrait de la **Revue indépendante**, livraison du 10 septembre 1843), pages 14 et 15.

serenc a inséré dans la *Presse* du 30 juin dernier, en réponse à un remarquable écrit de M. l'Inspecteur Minard, on voit « qu'il ne faut pas induire que le » parallélisme des chemins de fer et des canaux doit » être absolument évité, mais que, pour l'autoriser, » *il faut des raisons décisives*, plus décisives que celles » qui ont été alléguées pour la construction du canal » le long du chemin de Strasbourg. »

Telle est donc la théorie de M. Teisserenc : *Là où une seule communication suffit, c'est une faute que d'en faire deux* (je ne sache pas que personne ait jamais songé à contester un pareil axiome); *et pour autoriser la juxta-position d'un chemin de fer et d'un canal, il faut la condition expresse de motifs puissants et de raisons décisives.*

Or, il n'y a pas un tracé qui n'ait été discuté à ce point de vue, et, chose singulière, *les raisons décisives* n'ont jamais fait défaut; car, toutes les fois que la question s'est présentée, la contiguïté des voies de fer et des voies d'eau a prévalu, en dépit de l'argument toujours reproduit de la nécessité de leur séparation et des bons résultats à attendre de leur écartement.

D'où il faut conclure que, si M. Teisserenc a fait une théorie, les circonstances ont toujours été telles, jusqu'à présent, que cette théorie est restée sans application sérieuse et utile.

C'est qu'en effet, en pareille matière, où les faits dominent si complétement les principes, les théories considérées d'une manière abstraite, et en

dehors de toute application, n'ont absolument aucune valeur; ou plutôt ces théories préconçues
égarent, car elles sont comme un prisme où les
faits se déforment, et où l'on perd la vue distincte
de leurs conséquences.

Toute la polémique de M. Teisserenc le prouve,
comme on va le voir.

M. Teisserenc le veut ainsi : « C'est au sein du
» Royaume-Uni qu'il faut diriger ses recherches,
» pour étudier sérieusement et sincèrement les ré-
» sultats de la juxta-position des canaux et des rail-
» ways. » Soit. Acceptons même et les faits que
M. Teisserenc expose, et les chiffres qu'il produit.

La prospérité des canaux anglais était grande
avant la venue des chemins de fer; mais à l'appari-
tion de ceux-ci, « les compagnies de canaux, dit
» M. Teisserenc, commencèrent à s'émouvoir; *elles*
» *se hâtèrent d'améliorer leurs services et de modérer*
» *leurs prix pour éviter toute plainte du public* (1). »
Dès ce moment, les actions des canaux se mirent à
baisser, et elles en sont venues à ce point que,
« *prise dans son ensemble* ( je cite encore M. Teisserenc), *la propriété des canaux parallèles aux che-*
» *mins de fer a perdu plus de la moitié de sa valeur,*
» *depuis que ces derniers sont achevés.* »

À cette diminution dans la valeur des titres des
canaux correspond une amélioration croissante, sauf

____

(1) *Revue indépendante* du 10 mai 1845, page 35.

quelques oscillations, dans ceux des chemins de fer.
De là anxiété profonde chez les propriétaires des
canaux, et orgueilleux esprit d'envahissement de la
part des concessionnaires des railways concurrents;
en un mot : *antagonisme et non pas concours*. Voilà
l'objection de M. Teisserenc, et je crois l'avoir bien
plutôt fortifiée qu'affaiblie en la resserrant.

Mais l'objection pèche par un point essentiel,
c'est qu'elle est à côté de la question. Qui donc conteste qu'en Angleterre les actions des canaux aient
subi une réduction considérable par suite de la concurrence des chemins de fer? Eh quoi, les canaux
sont les maîtres absolus du marché; ils donnent des
dividendes énormes, 30, 40 et même 120 pour cent (1);
les titres de quelques-uns d'entre eux se vendent à
15 et jusqu'à 30 fois le prix d'émission; et au milieu
de cette prospérité, une déplorable négligence pour
l'entretien et la bonne tenue des ouvrages provoque
les plaintes du public, rançonné d'ailleurs par les
perceptions arbitraires et par les exactions des compagnies (2). C'est alors que les chemins de fer sur-

---

(1) *Revue indépendante*, 10 mai 1845, page 39.

(2) On en jugera par l'extrait suivant de l'ouvrage de M. Teisserenc sur la politique des chemins de fer (page 175).

« Les propriétaires du canal du duc de Bridgewater, dépassant
» tous leurs confrères *dans cette lutte de rapacité*, étaient parve-
» nus à percevoir un péage de 18 fr. 75 c., en vertu d'un bill qui
» leur accordait un tarif *maximum* de 7 fr. 50 c. Les moins cu-
» rieux de ces expédients n'étaient pas ceux qui suivent, etc. »

Et M. Teisserenc termine ainsi ce passage : « Du reste, ces abus
» criants s'étaient promptement enracinés sur tous les points de
» l'Angleterre, et le commerce les tolérait sans trop murmurer. »

viennent! Leur premier résultat est de forcer les compagnies de canaux à des dépenses d'entretien et d'amélioration dont le privilége avait dédaigné de s'occuper; le second est de provoquer une baisse considérable des tarifs de navigation, et surtout la suppression de toutes les taxes illégales qui grevaient les transports par eau. Enfin, les chemins de fer attirent à eux une partie des transports des canaux, et ils s'attaquent particulièrement aux produits fabriqués, aux marchandises de valeur qui offrent la meilleure rémunération, et qui se prêtent aux taxes les plus élevées; et M. Teisserenc se croit obligé d'accumuler chiffres sur chiffres, preuves sur preuves, pour établir que *la concurrence des chemins de fer a considérablement réduit les revenus des canaux parallèles.* En vérité, c'est trop de peine pour un résultat qui saute aux yeux, et tout le monde admettra que l'action simultanée d'une réduction considérable des tarifs et de l'aggravation des charges a dû porter une atteinte très-sensible *aux revenus* que les canaux s'étaient créés sous le régime du monopole dont ils avaient joui et abusé jusqu'alors.

Mais de ce que les compagnies rivales sont aux prises, de ce que les concessionnaires des canaux ont été forcés de sacrifier une partie des bénéfices exorbitants et abusifs qu'ils prélevaient sur le commerce, s'ensuit-il *que les canaux eux-mêmes,* comme le prétend M. Teisserenc, *aient perdu plus de la moitié de leur valeur.* Non, certes! Et c'est ici que M. Teisserenc retombe dans une étrange erreur que j'ai déjà eu l'occasion de signaler.

Ce n'est pas pour donner des revenus à des compagnies particulières, ni même à l'État, que les voies de communication sont faites; c'est pour développer le commerce et l'industrie, multiplier les échanges, et, en un mot, pour créer de la circulation et du mouvement. Or, les droits de péage sur les transports agissent précisément en sens contraire du but qu'on se propose; ils compriment le mouvement et en arrêtent l'essor. C'est donc s'égarer étrangement que de chercher dans le produit de ses tarifs, en d'autres termes, dans son revenu direct, *la valeur* d'une voie de communication quelconque. A ce compte-là, le Pont-Neuf, qui n'a pas de revenu, ne vaudrait pas le pont du Carrousel ou le pont des Arts, qui donnent des produits. Et pourtant quelle supériorité n'a pas le premier par les services rendus? Si vous voulez connaître la valeur réelle d'une voie de communication, ne demandez pas tant ce qu'elle *rapporte* que ce qu'elle *porte*. *Ce qu'elle rapporte*, c'est l'affaire du concessionnaire, plus soucieux, à coup sûr, d'un grand profit pour lui que d'un grand service pour le public, et pour qui 100,000 francs de revenu sur un mouvement de 50,000 tonnes valent mieux que 50,000 fr. produits par 100,000 tonnes! *Ce qu'elle porte*, c'est le point essentiel pour le publiciste; car c'est la mesure véritable du service rendu à la communauté, et, en un mot, *de l'utilité publique*.

Cela dit, que se passe-t-il sur les principales lignes de navigation intérieure de l'Angleterre, sur le canal de Grande-Jonction , par exemple, qui est en concurrence avec le chemin de fer de Londres à Birmingham ? Ce canal rapportait, en 1831, 4,625,000 fr. (1). Le produit a été, en 1844, de 2,710,000 fr. ; et dans cet intervalle le tarif aurait subi, d'après M. Félix Vernes, une réduction générale de 13 cent. à 6 centimes 1/2. M. Teisserenc n'admet ce dernier chiffre que pour les marchandises qui parcourent le canal entier, ou qui sont embarquées et débarquées aux lieux de station du chemin de fer ; pour les autres transports, le chiffre de 13 centimes serait maintenu suivant *la Revue indépendante* du 10 mai,

(1) Les canaux contigus aux chemins de fer ont servi à la construction de ceux-ci, et leur tonnage a dû augmenter pendant la durée des travaux. Les produits des dernières années qui ont immédiatement précédé l'ouverture des chemins de fer se trouvent donc grossis par une circonstance passagère, et ne peuvent pas plus servir de terme moyen de comparaison que ne pourrait le faire le tonnage du canal de l'Ourcq pendant la construction des fortifications de Paris. C'est par ce motif qu'entre les deux chiffres de 1831 et de 1838, qui sont tous les deux fournis par M. Teisserenc, nous prenons celui de 1831. La même observation s'applique aux diminutions du tonnage, que M. Teisserenc signale entre 1839 et 1842, pour les canaux d'Asthon et de Peak-Forest. Les tableaux que M. Teisserenc à insérés dans son rapport de 1843 à M. le ministre des travaux publics (page 94) montrent que, de 1838 à 1839, le tonnage du premier s'était accru de 64,000 tonnes, et celui du second de près de 50,000. De telles augmentations, pour des canaux en navigation depuis 50 ans, sont trop considérables pour ne pas tenir à des circonstances exceptionnelles et passagères ; et on doit éviter de prendre comme termes moyens de comparaison les années auxquelles ces augmentations se rapportent.

tandis qu'il aurait été réduit à 10 centimes suivant *la Presse* du 14 avril. Mais le rapport que M. Teisserenc a adressé à M. le ministre des travaux publics en 1842 accuse des réductions beaucoup plus fortes sur les longs parcours; ainsi on y lit, page 91 :

« Pendant qu'une ou deux de ces associations ont » conservé leurs anciens prix, d'autres, *comme celle* » *de Grande-Jonction, ont abaissé de 1 penny par tonne* » *et par mille à 1/4 de penny (de 6 cent. à 1 cent. 65* » *par tonne et par kilom.)* le péage sur les houilles se » rendant sur le marché de Londres, et, en même » temps, *réduit des deux tiers le péage de 9 cent. 1/2* » qui était précédemment perçu sur les laines, » toiles et cotons de Manchester. »

Je lis d'ailleurs à la page 73 du même rapport :

« Mieux éclairés sur leurs véritables intérêts, les . » propriétaires des canaux *s'étudient maintenant à* » *créer de nouveaux transports, en accordant des facili-* » *tés particulières à des produits qu'ils avaient jusqu'ici* » *repoussés.* C'est ainsi que la compagnie du canal de » Grande-Jonction, *dont le tarif sur les houilles fermait* » *aux extracteurs du bassin minéral de Birmingham le* » *marché de Londres, a réduit ses péages des trois quarts* » *sur ces produits, et a, en outre, promis un drawbach* » *de 12,750 fr. à l'expéditeur qui, dans le cours de trois* » *années, portera 117,000 tonnes.*

» Sous l'influence de cette réglementation, mise » en vigueur en 1839, la ville de Londres a reçu, » *par les canaux,* une quantité de houille croissante » d'année en année. »

Ici un tableau qui montre que ces quantités de houille reçues par canaux à Londres se sont élevées, de 1,199 tonnes en 1836 , à 33,594 en 1841. C'est donc avec raison que M. Teisserenc ajoute :

« *On voit que , dans ce cas , les canaux ont vérita-* » *blement gagné à baisser leur tarif.* »

Or, qu'on le remarque bien , *ces transports nouveaux* sont tarifés au plus bas ; le péage pour eux a subi une réduction de 75 p. 0/0 ; ils parcourent le canal dans toute sa longueur et chargent ainsi, à tonnage égal, le produit total beaucoup plus que les transports à parcours partiels ; enfin ils viennent remplacer les marchandises que le chemin de fer a attirées à lui, et qui donnaient en général un meilleur péage. Toutes ces circonstances tendent évidemment à justifier l'assertion de M. Félix Vernes, que le tarif aurait subi, terme moyen et tout compté, une réduction générale de 50 p. 0/0 ; et dès lors, tandis que le produit de 4,625,000 fr. représentait en 1831 , au tarif moyen de 13 centimes par tonne et par kilom. , un mouvement total de 218,900 tonnes, parcourant la longueur entière de 162 kilom. 1/2 du canal principal, le produit de 2,710,000 fr. afférent en 1844 représente, pour le même parcours, un mouvement total de 256,600 tonnes, au tarif moyen de 6 cent. 1/2. Le tonnage du canal de Grande-Jonction serait donc aujourd'hui plus élevé qu'en 1831.

Si le tarif n'est en effet tombé qu'à 8 cent. 1/4, comme il faudrait l'induire de la *Presse* du 11 avril, le tonnage à parcours entier, pour 1844, se trouvera réduit à. . . . . . . . . . . . .  189,400 tonnes.

    Celui de 1831 étant de. . . . 218,900

    La perte serait de. . . . . . .  29,500

ou de moins d'un septième.

Mais, d'un autre côté, le transport du chemin de fer de Londres à Birmingham, ramené au parcours entier, dépassait déjà, en 1842, 100,000 tonnes, et il s'était nécessairement accru en 1844.

Tel est donc le résultat de la lutte :

La compagnie du canal a, il est vrai, perdu 43 p. 0/0 de son revenu en 1831 ; mais le canal lui-même n'a pas éprouvé sur son tonnage une perte de plus de 13 p. 0/0 au maximum. Le mouvement total parallèle au canal a donc augmenté de presque tout ce que porte le chemin de fer.

D'ailleurs, sur les 189,400 tonnes restant au canal, d'après les réductions du tarif indiquées par M. Teisserenc, le public a fait en 1844 une économie totale, calculée à l'ancien tarif, de 1,461,931[fr.]25. Ainsi, la perte éprouvée par les concessionnaires du canal se retrouve déjà en grande partie dans les bénéfices nouveaux qu'à procurés au commerce la réduction des péages sur les transports par eau ; et il est clair que les modérations de prix sur le chemin de fer ayant produit des résultats analogues pour les transports qui prennent cette voie, il n'y a ici en définitive qu'un revirement de profits, ou plutôt qu'une exonération pour le public des prélèvements abusifs auxquels s'étaient livrés jusqu'alors les propriétaires du canal.

M. Teisserenc ne donne pas les réductions de tarifs sur les autres voies navigables qu'il cite; et , à défaut de cet élément essentiel , il est impossible de déduire le rapport des tonnages de celui des revenus. Pour les canaux qui unissent Manchester à Leeds et à Hull, l'enquête parlementaire de 1844 fournit pourtant des indications concluantes.

On y voit (1) : 1° qu'indépendamment d'une réduction de tarifs qui avait été pour l'Aire et Calder de près de 75 p. 100, les compagnies des canaux, particulièrement celles de Rochedale et de Calder et Hebble , accordèrent au commerce une tolérance énorme sur les tonnages : ainsi elles admettaient 50 tonnes pour 30 ; 2° que les arrangements intervenus entre les compagnies des voies d'eau et de fer ont eu pour objet de relever les droits au-dessus de ce qu'ils étaient dans la chaleur de la concurrence pour les objets de la plus grande valeur, les ballots, les tissus de coton, et généralement « ce qu'on considère comme « *marchandise de chemin de fer ;* » 3° qu'enfin la ligne navigable d'Aire et Calder , par laquelle débouchent dans l'Humber les canaux de Manchester et de Liverpool à Hull , *n'aurait jamais porté plus de marchandises qu'en* 1843 (n° 6208 de l'enquête). En présence de tels faits, il est évident que la diminution éprouvée sur le revenu du canal de Rochedale doit être attribuée, pour la presque totalité, aux dégrèvements

_____

(1) Interrogatoire du capitaine John Milligen-Laws , administrateur général du chemin de fer de Manchester à Leeds , interrogatoire du 22 avril 1844, n<sup>os</sup> 6176 et suivants.

accordés au commerce ; ou , en d'autres termes, que le tonnage s'est à peu près maintenu sur cette ligne depuis l'ouverture du chemin de fer de Manchester à Leeds.

Évidemment, pour le publiciste, c'est le point essentiel. Un service plus grand a été rendu à la communauté à partir du moment où les railways sont venus ajouter leur action puissante à l'action des canaux ; mais ceux-ci entrent en général dans ce service pour un travail à peu près équivalent à celui qu'ils faisaient précédemment, et, de plus, ils donnent ce travail à un prix beaucoup plus bas. Ils n'ont donc rien perdu de *leur valeur* ou de *leur utilité* au point de vue de l'économie publique. Au contraire, les réductions considérables des tarifs de navigation ont été un nouveau stimulant pour l'activité industrielle, et ont donné une nouvelle impulsion au mouvement commercial. De là un accroissement général et progressif des transports, au profit commun des voies de fer et des voies d'eau. De là , au milieu de la lutte des compagnies rivales , et par suite même de cette lutte, *un véritable concours* des deux systèmes de communication vers leur but commun, la satisfaction la plus large et la plus complète du principe de l'UTILITÉ PUBLIQUE.

Voilà ce que M. Teisserenc n'a pas vu, ce qu'il ne veut pas voir ! Pour lui, c'est là une *échappatoire*. C'est pourtant par là qu'il faudra qu'il passe, s'il veut rentrer dans la question , et la traiter par son côté véritablement grand et utile.

Il écrivait en 1843 (1) : « La concurrence entre
» les canaux et les chemins de fer n'a sérieusement
» existé que pendant les premiers mois de la mise
» en exploitation des railways. Les compagnies
» rivales, ayant compris qu'elles faisaient un métier
» de dupe, se sont entendues *pour rançonner le pu-*
» *blic.* » Or, que cette bonne entente se soit mainte-
nue, et le préjudice porté aux propriétaires de canaux
par la concurrence des chemins de fer eût été beaucoup moindre; les revenus des canaux se seraient
mieux soutenus et leurs actions n'auraient pas subi
une aussi grande dépréciation. Voilà ce que M. Teisserenc aurait appelé *le concours des canaux et des che-*
*mins de fer*; ce n'eût été pourtant que le concert des
compagnies contre l'intérêt général , et les deux voies
de communication *n'eussent gagné là que ce dont elles*
*auraient rançonné le public,* pour me servir de l'expression de M. Teisserenc lui-même.

Que dire maintenant de rapprochements comme
ceux-ci :

Le canal de Grande-Jonction ne rapporte aujour-
d'hui que 11 fr. 50 par mètre courant, le chemin de
fer de Londres à Birmingham donne une recette de
24 fr. 40 sur les grosses marchandises.

Le canal de Rochedale a des recettes de 8 fr. 70
par mètre. Et « en 1844, les grosses marchandises
» rapportèrent, sur le chemin de fer de Manchester
» à Leeds, 44 fr. par mètre courant. »

_________

(1) Rapport à M. le ministre des travaux publics, page 70.

Qu'est-ce donc que M. Teisserenc entend conclure de là? Ce que rapporte le canal, c'est le seul produit du *péage;* ce que donne le chemin de fer, c'est à la fois le produit du *péage* et le *prix du transport avec tous ses accessoires.* Pour que les chiffres deviennent comparables, il faut donc ajouter à la recette du canal la rémunération du travail même du transport par eau, et les frais qui s'y rattachent. Eh bien! on arrivera en définitive, c'est vrai, à une perception *totale* moindre sur un canal que sur un chemin de fer à tonnage égal. Mais, tout ce qu'il faudra en conclure, ce n'est certes pas l'infériorité du canal, mais bien son aptitude à rendre, *à plus bas prix que le chemin de fer,* des services équivalents pour le transport de la marchandise. C'est parfaitement là la prétention des canaux.

Toujours est-il que l'année dernière il s'agissait de prouver que le transport sur les canaux était plus coûteux que sur les chemins de fer, et alors on mettait le fret total sur les voies navigables en présence de la seule dépense de la traction sur les rails. Maintenant on veut établir que, du fait de la marchandise, les chemins de fer donnent de plus grands produits que les canaux, et alors on compare le produit du péage et du transport sur les premiers au seul péage sur les seconds. Quelle conclusion utile, encore une fois, peut sortir de pareils rapprochements, sinon celle-ci : qu'une préoccupation systématique domine partout et les faits et même les chiffres ?

Comment expliquer autrement les nouvelles estimations que M. Teisserenc produit pour la dépense moyenne des canaux anglais. En 1836, il estimait cette dépense, d'après M. J. Priestley, à 200,000 fr. par kilom. (1). Plus tard, en 1842, elle était de 242,000 fr. (2). Depuis, le coût moyen de 200,000 fr. revient dans le rapport de 1843 à M. le ministre des travaux publics (page 75). Cette évaluation, déduite d'une moyenne générale entre les canaux à grande et à petite section, est évidemment trop faible pour les canaux en lutte avec les chemins de fer, car ici c'est la grande section qui domine ; et pourtant M. Teisserenc ne porte plus la dépense par kilomètre des canaux anglais, qu'à la somme de 125,000 fr., réduite encore à 108,000 fr. par les remboursements effectués. Il est vrai que les canaux belges payeront pour ceux de l'Angleterre, et que de 125,000 fr. par kilom., qu'ils coûtaient en 1839 (3), M. Teisserenc les portera dans la *Presse* du 17 avril à 200,000 fr.

La même préoccupation systématique ne se retrouve-t-elle pas dans cette question de M. Teisse-

---

(1) *Les Travaux publics en Belgique, et les chemins de fer en France*, pages 228, 229 et 233.

(2) *La politique des chemins de fer*, page 504.

(3) « En moyenne générale, les canaux belges n'ont qu'une » écluse par 6,000 mètres, et ils coûtent un peu moins cher que » les canaux français. » Voilà ce qu'on lit à la page 231 de l'ouvrage : *Les Travaux publics en Belgique*, etc. Quant aux canaux français, ils reviennent en moyenne à 500,000 fr. par lieue, 125,000 fr. par kilom. : *ibidem*, page 226.

renc? « Je demanderai, dit-il, comment il se fait que,
» depuis 1831, on n'ait pas exécuté en Angleterre
» un seul canal nouveau de quelque importance,
» alors que de tous côtés les compagnies sollicitent
» et se disputent les concessions de chemins de fer? »

En vérité, à entendre M. Teisserenc, ne dirait-on
pas que les chemins de fer ont saisi l'Angleterre dans
une sorte de fièvre de canalisation, et qu'ils sont
venus interrompre brusquement la construction
d'une série indéfinie de canaux? Il n'en est rien. Malgré leurs bénéfices énormes (et M. Teisserenc accorde
de 30 à 120 pour 100), les grandes entreprises de
navigation avaient cessé depuis plusieurs années en
Angleterre lorsque les chemins de fer sont intervenus; et quoique ceux-ci ne donnent en ce moment
qu'un revenu qui, terme moyen, ne dépasse pas
5 1/2 pour 100, on trouve des compagnies par centaines pour les exécuter. Pour M. Teisserenc, qui ne
voit que le revenu direct, qui suppute des intérêts,
et qui a ramené la question aux proportions du mé-
nage, cette froideur pour les entreprises de canaux,
au temps de leur prospérité et alors qu'ils tiraient
du monopole de si brillants résultats, peut paraître
singulière, rapprochée de l'ardeur avec laquelle les
compagnies se jettent dans les opérations de chemins de fer. Est-ce que M. Teisserenc ne saurait pas
que le réseau de navigation artificielle d'une contrée est nécessairement subordonné à son système
d'hydrographie naturelle?

Ainsi la Tamise et la Trent, qui versent leurs

eaux dans la mer du Nord ; la Severn et la Mersey, qui se jettent dans l'océan Atlantique, voilà la base de la canalisation de l'Angleterre proprement dite. Le rattachement de ces quatres fleuves deux à deux, forme six directions générales de voies navigables, les quatre côtés du quadrilatère et les deux diagonales. Or, ces communications de fleuve à fleuve non-seulement sont complètes en Angleterre, mais elles sont doubles, triples et même quadruples.

L'absence des canaux dans des directions aujourd'hui parcourues par des voies de fer s'explique donc naturellement par des impossibilités matérielles, et c'est probablement ce qui a lieu entre York et Newcastle, et entre Newcastle et Carlisle (1). Elle s'explique encore par la nature différente des deux systèmes de communication, et des services à en attendre. Comment donc M. Teisserenc s'étonne-t-il qu'on n'ait pas ouvert des canaux *entre Londres et Douvres* (pour doubler la Tamise), *entre Londres et Colchester*, *entre Londres et Cambridge ?* Mais pourquoi là des canaux ? Pour transporter de la marchan-

(1) M. Teisserenc écrivait, le 2 mars 1840, à M. le ministre des travaux publics :

« Le railway de Newcastle à Carlisle est tracé à travers un pays » extrêmement accidenté. Malgré tous les efforts de l'ingénieur, » qui a dirigé les travaux, on n'a pu éviter une immense tranchée » de 35 mètres de profondeur, et donnant un déblai de 750,000 » mètres cubes, 3 tunnels, un large pont de 11 arches sur le Tyne, » près de Newcastle, enfin plusieurs viaducs extrêmement élevés. »

Voilà certes un terrain qui se présente mal pour un canal, surtout s'il s'y ajoute quelques difficultés d'alimentation.

dise apparemment, car c'est leur objet essentiel. Eh bien! d'après la statistique officielle annexée à l'enquête parlementaire de 1844, le chemin de fer de Londres à Douvres ne transportait pas une tonne de marchandise en 1842. Il en était de même de celui de Londres à Cambridge; quant au railway de Londres à Colchester, son mouvement s'élevait à 12,000 tonnes. Ce sont là des chemins de voyageurs, et les canaux, supposé qu'ils fussent possibles, n'avaient pas d'emploi utile de ce côté.

Quel est donc *le fait général* qui résulte de l'expérience anglaise?

Le tonnage des principaux canaux parallèles aux chemins de fer n'a pas subi de réduction sensible, s'il en a même subi une quelconque depuis l'ouverture de ceux-ci. Mais ce fermage s'est transformé. « *Les propriétaires des canaux,* » je le répète dans les termes mêmes où M. Teisserenc le dit, « *se sont étu-* » *diés* A CRÉER DE NOUVEAUX TRANSPORTS *en accordant* » *des facilités particulières à des produits qu'ils avaient* » *jusqu'alors repoussés.* » De cette façon, pendant que les marchandises générales quittent le canal pour le chemin de fer, les objets encombrants viennent prendre leur place sur la voie d'eau, et c'est comme cela que de 1,200 tonnes de houille portées en 1836 pour l'approvisionnement de Londres, le canal de Grande-Jonction élève à près de 14,000 tonnes en 1841 cette partie de son trafic, tandis qu'en 1842 le chemin de fer de Londres à Birmingham ne porte qu'environ 7,000 tonnes d'objets encombrants, dans lesquels, avec la houille, figurent les cendres, les pierres, les briques, le sable, les minerais, etc. (1).

Voilà bien dans tout son jour, et quand on se borne aux faits saillants et généraux, sans s'arrêter à des détails qui ne sauraient en détruire la portée, voilà bien la répartition entre les deux voies de la tâche commune. A l'une les grosses consommations de l'industrie, à l'autre ses produits ; à leur action simultanée, un abaissement général des tarifs, de nouvelles facilités pour le commerce, et par conséquent un stimulant nouveau pour la production ; en un mot, CONCOURS *vers le but commun :* L'UTILITÉ PUBLIQUE, *cette seule raison d'être de toute voie de communication.*

M. Teisserenc tient beaucoup à l'expérience anglaise, qui lui a permis de conclure de la diminution des revenus des concessionnaires à l'amoindris-

---

(1) Voici comment M. Teisserenc établit, pour le premier semestre de 1842, la répartition du tonnage pour toute la distance, sur le chemin de Londres à Birmingham.

« Engrais de toute sorte, chaux et pierres à chaux, sel et ma-
» tériaux bruts pour la réparation des routes. . .        6 tonnes.
» Charbon de terre, coke, cendres, pierres tail-
» lées, briques et tuiles, sable, minerai de fer,
» fonte, fer en barre, et toute sorte de métal non
» ouvré. . . . . . . . . . . . . . . . . . . . . .    3,250
» Sucre, grain, farine, produits du sol, métal,
» clous, vis, chaînes, etc. . . . . . . . . . . . .  20,200
» Objets manufacturés de toute nature, vins,
» liqueurs, épiceries, draperies. . . . . . . . . .  24,700
                                                     ――――――
           » Total pour six mois,    48,156 tonnes.

Rapport de 1843, page 95.

sement de la valeur propre des canaux, et de l'antagonisme des compagnies rivales à l'incompatibilité
des voies concurrentes. En Belgique, il n'est pas
possible de prendre ainsi le change. Les canaux et
les chemins de fer sont dans les mains de l'État, et
les revenus des premiers n'ont pas cessé de s'accroître depuis l'ouverture des rail-ways, dont le
mouvement présente également un progrès rapide
et continu. Aussi l'expérience de la Belgique n'est-
elle pas du goût de M. Teisserenc. Mais enfin les faits
sont là ; ils sont constatés par des actes officiels parfaitement authentiques ; il est donc impossible de
les contester, et pourtant comment les subir ? Ils
sont la contradiction manifeste, absolue de tout le
système ! A cela il n'y a qu'une ressource, celle des
*commentaires et des subtiles interprétations.* J'emprunte
cette expression à la polémique de M. Teisserenc.

Sait-on pourquoi les canaux belges, malgré le
voisinage des chemins de fer, conservent et augmen-
tent chaque année leur immense clientèle ? « C'est
» qu'en Belgique, dit M. Teisserenc, la concurrence
» n'existe pas, puisque les voies de fer et les voies
» d'eau sont entre les mains du même proprié-
» taire, l'État, *qui, par des graduations arbitraires de*
» *tarifs, fait la part de chacune d'elles* (1). »

» Ah ! si la question avait été entière, si le gouver-
» nement, avec son expérience d'aujourd'hui, avait
» eu le choix entre les deux modes de communica-

_______

(1) *Presse* du 17 avril.

» tion, si, possédant un réseau ou chemin de fer, il
» avait été saisi d'un projet de canaux parallèles et
» concurrents à ses railways;...» Certes, il n'eût pas
» hésité un seul instant, *il se serait fait à peu près le*
» *raisonnement que voici :.....* »

J'abrége la citation pour aller droit aux bases
mêmes du raisonnement. Eh bien, non, la Belgique ne se serait pas dit : « Je dépenserai pour
» constituer mon réseau de navigation *un capital*
» *de* 200,000 *fr. par kilomètre.* » Parce que, si la
Belgique ne l'avait pas su, M. Teisserenc lui aurait
appris que ses canaux coûtaient, par kilomètre,
moins de 125,000 fr. (1). Par contre, la Belgique
aurait appris à M. Teisserenc que son réseau de navigation ne se formait pas seulement de canaux, mais
qu'il comprenait aussi, et pour les deux tiers de son
développement, des rivières et des fleuves; que là, il
est bien difficile d'admettre la préexistence du chemin de fer et de supposer que celui-ci aurait été pour
Anvers, pour Gand et pour Liége, ce qu'ont été
l'Escaut, la Lys et la Meuse; qu'enfin, une fois qu'il
est convenu que les fleuves et les rivières ne sont pas
d'invention humaine, qu'ils ont précédé la décou-
verte et la pratique des chemins de fer, le prix moyen
d'exécution du kilomètre de voie navigable se trouve
atténué de toute la différence qui existe entre les

---

(1) *Les Travaux publics en Belgique*, etc., page 231.

Le canal de Charleroi, racheté en 1839, et dont le solde ne sera
compté qu'en 1846, revient à l'État à 135,000 fr. par kilom., tout
compris, et il a 55 écluses et un souterrain.

frais d'appropriation des voies naturelles et la dépense des canaux, et cette atténuation est d'autant plus considérable que les voies naturelles occupent un plus grand développement dans le réseau total. Ainsi, cette première base du raisonnement, *le prix du kilomètre de canal*, est doublement inexacte, d'abord parce que le chiffre est forcé de plus des trois cinquièmes, ensuite parce que le système de navigation intérieure d'un État comprend avec les canaux un ensemble préexistant de fleuves et de rivières, dont il faut tenir compte dans l'appréciation des dépenses de première création.

La Belgique n'aurait pas accepté non plus cette autre base, qu'un droit de 1 centime sur un tonnage moyen de 250,000 tonnes « *ne représenterait pas les* » *frais d'entretien et de perception sur ses voies naviga-* » *bles.* » Car cela serait pour l'*entretien et la perception* une dépense moyenne de 2 fr. 50 c. par mètre courant. Or, M. Teisserenc a publié que la dépense d'entretien des canaux belges n'est en moyenne que de 1 fr. 20 c. (1). Il a également publié que la dépense

(1) « L'entretien des canaux français varie de 1 fr. à 1 fr. 50 par » mètre ; il est moyennement de 1 fr. 35.

» L'entretien des canaux belges s'éloigne peu de cette moyenne, » bien qu'il varie beaucoup d'un canal à l'autre, il s'élève, par » kilomètre .

» à 1,500 fr. pour le canal de Mons à Condé ;
» à 870 idem de Willebrock ;

» c'est 1 fr. 20 par mètre en moyenne.

» Les dépenses d'administration des canaux anglais ne nous sont » pas connues. Il est extrêmement présumable qu'elles s'élèvent

d'administration des canaux français varie entre 75 centimes et 1 fr., et il est évident que l'administration des canaux français est plus coûteuse que celle des canaux belges, puisque les écluses sont ici une des principales causes de dépense, et qu'on compte d'après M. Teisserenc : en France, une écluse sur 2 kilomètres, en Belgique, une écluse sur 6 kil. (1).

Si la Belgique avait admis le prix de 3 centimes 1/2 par tonne à un kilomètre comme celui qui serait payé par le commerce pour les transports sur canal, « *péage, traction et retour à vide compris* (2), » elle ne l'aurait probablement pas fait sans signaler à M. Teisserenc qu'il surfait encore ici les canaux d'un demi-centime, puisqu'il a imprimé que le *fret* sur les canaux belges est de 2 centimes, ce qui, avec un droit de 1 centime, ne donne qu'une dépense totale de 3 centimes. Mais, acceptant même le *fret* à 2 centimes 1/2, la Belgique n'aurait certainement pas commis la faute de le mettre en présence de la *traction* sur le chemin de fer, évaluée aussi à 2 centimes 1/2 ; parce qu'en effet la *traction* à ce taux ne

» beaucoup plus haut qu'en France, où elles varient de 3,000 à 4,000 fr. par lieue (0 fr. 75 à 1 fr. par mètre).

» Enfin le fret coûte en Angleterre 6 deniers par dix milles ; » soit, 15 c. 1/2 par lieue.

» En France et en Belgique, il est moyennement de 8 c. par » lieue, quand il est fait par des chevaux. »

*Les Travaux publics en Belgique et les chemins de fer en France*, pages 231 et 232.

(1) *Ibidem*, pages 230 et 231.

(2) *La Presse* du 17 avril.

représente que la locomotion proprement dite, moins l'intérêt du moteur, des véhicules et de toutes les constructions qui s'y rattachent ; c'est-à-dire qu'elle n'est pas l'équivalent de ce que représente le halage sur le canal ; tandis que le *fret* comprend toute la dépense du transport en achat, en entretien de matériel, en manutention de marchandise, halage, frais et bénéfice.

Sans doute le gouvernement belge aurait eu encore beaucoup d'autres observations à faire sur ce raisonnement qu'on lui prête pour des circonstances imaginaires ; mais il aurait pu s'arrêter là et dire à M. Teisserenc : « Quand les bases principales de » toute votre argumentation sont, d'après vos pro- » pres écrits, si évidemment erronées, que voulez- » vous que je fasse de vos conséquences ? »

Au surplus *la question n'est pas entière*, les canaux, les rivières et les fleuves existent, le raisonnement est un pur jeu de l'imagination de M. Teisserenc. C'est un roman pour le fond comme pour la forme, et puisque la Belgique a eu ce malheur, que ses fleuves, ses rivières et ses canaux ont été créés avant ses chemins de fer, il lui a fallu aviser ; « ce qu'on » avait de mieux à faire, dit M. Teisserenc, c'était » de conserver aux canaux leur situation acquise *en* » *appliquant aux chemins de fer un tarif plus élevé que* » *le leur.* » C'est à ce parti qu'on s'est arrêté (1), et, pour le prouver, M. Teisserenc compare les prix du

(1) *Presse* du 17 avril.

transport par eau sur certaines lignes avec les prix primitivement adoptés pour le chemin de fer ; mais comme ces prix primitifs n'ont pas été maintenus, ce n'est pas à leur influence que peut être due la répartition actuelle des transports entre les voies de fer et les voies d'eau. Le fait est que, pour plusieurs lignes, les prix actuels des chemins de fer seraient à peu près nivelés avec ceux que M. Teisserenc indique comme les prix de la navigation concurrente. Ainsi de Bruxelles à Louvain, le transport par le chemin de fer serait, d'après le tarif général actuel, de 4 fr. 70 pour les marchandises de première classe, entrant pour plus de 85 pour 0/0 dans le mouvement total ; et le prix du transport par eau serait entre les deux mêmes villes de 4 fr. 50 ; de Charleroi à Bruxelles, ce serait 7 fr. 20 par le chemin de fer et 7 fr. par le canal (1).

Ces différences, comme on le voit, sont trop faibles pour accuser l'intention d'une protection spéciale pour la voie d'eau ; d'ailleurs elles se produisent en sens contraire lorsqu'il s'agit de transports destinés à l'exportation ; et les chemins de fer offriraient alors au tarif actuel une économie considérable sur les canaux, si les prix donnés pour ceux-ci par M. Teisserenc étaient exacts. Enfin, entre Ostende et Gand, il y a 67 kilomètres, qui, au prix général de 10 centimes, pour la première classe de marchandise, donnent un prix de transport de 6 fr. 70

(1) Ce serait même 8 c. sur le canal, d'après *la Presse* du 4 mai.

par le chemin de fer ; M. Teisserenc dit que le transport par eau coûte d'Ostende à Gand 8 fr.; comment donc, dans de telles conditions, la voie navigable, qui unit ces deux villes, retient-elle la marchandise ?

Évidemment M. Teisserenc rapproche encore ici des chiffres qui n'ont rien de comparable, et ce qu'il donne pour *les prix ordinaires du transport par eau* ne s'appliquerait qu'aux marchandises chères et aux petites expéditions, qui n'entrent pour presque rien dans la clientèle habituelle des canaux.

M. Teisserenc, pour expliquer cette graduation arbitraire des tarifs, qui surcharge les chemins de fer au profit des canaux, écrit dans *la Presse* du 17 avril :

« *Si la dépense était augmentée,* LA RECETTE NE
» L'ÉTAIT A AUCUN TITRE, *puisque les droits de péage,*
» *qu'on les acquitte sur la voie d'eau ou sur la voie de*
» *fer, rentrent toujours dans les coffres de l'État,* ET Y
» PÈSENT DU MÊME POIDS. » M. Teisserenc admet donc que l'opération, telle que le gouvernement belge l'a conçue et pratiquée, laisse le trésor indemne; que, s'il n'obtient qu'une recette moindre sur les chemins de fer, il ne perd pas la recette des canaux, et que l'une compense l'autre, car « *elles pèsent du*
» *même poids dans les coffres de l'État.* D'un autre côté, dans un article signé, qu'il a inséré dans *la Presse* du 30 juin 1844, M. Teisserenc s'exprimait ainsi :

« Comment et pourquoi les canaux ici nommés
» ont-ils résisté à l'influence des chemins de fer ?

» 1° Parce que ces canaux et ces rivières ont des
» tarifs tellement bas, qu'*ils ne couvrent pas leurs
» frais annuels d'entretien et d'amélioration.* »

C'est donc *un déficit* sur les voies navigables qui vient
dans les coffres de l'État peser du même poids que
la *recette nette*, que le gouvernement belge abandonne
volontairement sur le chemin de fer !

Au surplus, il n'est pas nécessaire de retourner
une année en arrière pour trouver M. Teisserenc aux
prises avec une nouvelle contradiction ; c'est le
17 avril qu'il a imaginé cette égale pondération des
recettes en droits de péage qu'ils soient acquittés
sur la voie de fer ou sur la voie d'eau. On lit ce qui
suit, dès le début de l'article du 20 avril :

« J'ai expliqué comment le gouvernement belge,
» pour conserver aux canaux, propriété de l'État,
» leur ancienne clientèle, avait, au profit de ceux-
» ci, *surchargé le chemin de fer de droits différentiels.*
» J'ai mesuré le préjudice qu'a causé au railway
» cette tarification, *préjudice qu'on ne peut évaluer à*
» *moins de 4 francs par mètre courant,* préjudice en
» dépit duquel le produit net du chemin de fer est
» encore, par mètre courant, de 10 francs, *alors*
» *que celui des voies d'eau qui possèdent le monopole*
» *des marchandises n'est que de 1 fr. 11.* »

Voilà donc le gouvernement belge, qui s'est ingénié
pour conserver à ses voies navigables leur clientèle,
sans sacrifice pour le trésor, et de telle sorte que
des recettes équivalentes entrassent dans les coffres
de l'État ; et il a recueilli, quoi ? ou des déficit, ou

bien une recette de 1 fr. 11 comme compensation d'une perte nette de 4 francs! Certes la Belgique doit avoir considérablement déchu dans l'esprit de M. Teisserenc (1)! Aussi pourquoi la Belgique vient-elle déranger un système conçu depuis sept ans, et lui opposer la démonstration la plus nette, la plus claire et la plus simple que puisse offrir l'inflexible logique des faits?

On ne peut pas, à ce que prétend M. Teisserenc, étudier en Belgique *les effets d'une concurrence qui n'y existe pas*. Mais aussi est-on certain d'y suivre le jeu normal et régulier des deux systèmes de communication abandonnés à leur *propre nature*, c'est-à-dire organisés et administrés dans le but spécial et exclusif de l'UTILITÉ PUBLIQUE pour lequel ils ont été conçus. Or, c'est là ce qu'il faut mettre dans le plus grand jour sous les yeux du Gouvernement et des Chambres, car c'est le point qui importe le plus à la solution des questions en ce moment pendantes. Il ne faut pas perdre de vue que la concurrence complique nécessairement et altère les résultats, par cette raison qu'elle est soumise aux inspirations

(1) On lit, page v et vi de la lettre qui sert d'introduction à l'ouvrage de M. Teisserenc, sur les *Travaux publics en Belgique*, etc.:
« Le caractère national des Belges consiste tout entier dans cette
» aptitude des individus à s'assimiler les créations nouvelles, en
» leur donnant un cachet particulier de convenance et d'économie.
» C'est donc faire une étude pleine d'enseignements que d'exa-
» miner un peuple dominé par cet esprit d'application, certain
» que l'on est d'avance de ne trouver chez lui que les résultats
» d'une pratique intelligente et éclairée. »

de l'intérêt privé, le plus actif, mais aussi le plus
déréglé de tous les stimulants et de tous les guides.
La méprise continuelle de M. Teisserenc, qui prend
les prélèvements des compagnies sur le commerce,
pour la mesure des services rendus par les voies de
communication qu'elles exploitent, est la preuve
des erreurs qu'on peut commettre en s'en tenant
aux seules indications de la concurrence.

En définitive, la série des actes de l'administra-
tration belge révèle l'esprit dans lequel elle dirige la
gestion des chemins de fer de l'État. On peut le déduire aussi des résultats financiers accusés par les
comptes rendus. C'est ce qu'a fait M. le baron Evain,
le président de la commission des tarifs de Belgique,
dans une lettre adressée le 22 mai dernier à M. le
comte Daru. On sait avec quel soin consciencieux et
persévérant, le noble pair poursuit l'étude de ces
questions. En s'adressant à M. le baron Evain, il
allait droit à la source des renseignements authentiques, puisque c'est la commission qu'il préside
qui est chargée de les recueillir, d'en apprécier les
conséquences, pour en faire la base de ses propo-
sitions au gouvernement.

Je cite textuellement, ainsique M. le comte Daru a
bien voulu m'y autoriser, les conclusions de cette
lettre.

» Les conclusions à tirer de ces calculs sont :

» 1° Que l'exploitation *par convois spéciaux* du
» transport des grosses marchandises au tarif belge,
» ne donne aucun bénéfice et couvre à peine les

» dépenses, car ce bénéfice de 127,749 fr. provient
» en totalité de celui fait sur la location des wagons.

» 2° Que c'est effectivement le résultat *qu'on a*
» *voulu atteindre* en mettant à des prix aussi bas, le
» tarif des grosses marchandises de première classe
» qui composent (y compris les wagons loués géné-
» ralement pour le transport de la houille), 86 pour
» cent du poids total.

» 3° Mais que les convois de voyageurs ont trans-
» porté sans augmentation de dépense 73,000 ton-
» neaux de marchandises de première classe, qui
» ont donné un bénéfice net de 342,972 fr., et que
» de plus ils ont transporté également sans augmen-
» tation de dépenses, les grosses marchandises de
» la deuxième et de la troisième classe, qui ont
» donné un bénéfice net de. . . . .   812,708$^{fr.}$,44
   » Si l'on ajoute à cette somme les
» bénéfices sur les marchandises de
» la troisième classe. . . . . . . .   342,792      »
   » Et celui des convois spéciaux. .   127,949   06
   » On obtient. . . . . . . . . . .   1,283,629$^{fr.}$,50
» pour le bénéfice total sur le transport des grosses
» marchandises, ce qui ne fait pas un pour cent
» sur les 144 millions de capital ;

» 4° Ainsi, si l'on s'était borné aux 21,566 convois
» de voyageurs, le bénéfice de l'année eut été, à
» peu de chose près, le même que celui qu'on a eu
» en transportant par convois spéciaux 377,718
» tonneaux de grosses marchandises de première
» classe.

» *5° Qu'enfin le prix des transports de grosses mar-*
» *chandises ne sont rémunérateurs en Belgique qu'autant*
» *que ces marchandises complétent les convois de voya-*
» *geurs.* »

Certes, personne ne reconnaîtra là cette intention prêtee au gouvernement belge, de surcharger son chemin de fer de droits différentiels au profit de ses voies navigables.

On y verra bien plutôt la volonté d'attirer vers le chemin de fer la plus grande masse possible de transports; de même que tous les actes de l'administration belge, en ce qui concerne les voies navigables, révèlent la ferme volonté d'accroître leur utilité et d'ajouter aux services qu'elles rendent. Ainsi, avant tout, créer du mouvement, faire naître des relations nouvelles, multiplier sur toutes les voies et par tous les moyens possibles les transports, voilà le problème comme se le pose le gouvernement belge ; et pour un gouvernement, il n'y en pas d'autre.

La navigation est donc honorée en Belgique à l'égal des chemins de fer. Le gouvernement a racheté toutes les lignes navigables aliénées; partout, sur les rivières, comme sur les canaux, il fait des travaux d'amélioration et de perfectionnement ; enfin il construit un nouveau canal de navigation en concurrence avec la seule section de son chemin de fer qui soit affranchie de cette rivalité.

« *Mais*, dit M. Teisserenc, *le canal de la Campine*
» *ne suit pas le chemin de fer ; il y a écartement de 50*
» *à 70 kilom.; d'ailleurs, c'est un canal d'irrigation.* »

Et quand on lui rappelle dans quelle intention on a ajouté à cette entreprise d'irrigation une entreprise de navigation intérieure, qui n'est légitimée que par un but commercial, et qui ne peut avoir d'objet qu'une communication navigable *entre la Meuse et l'Escaut, entre Liége et Anvers*, M. Teisserenc conteste ; mais voici qu'un document tout nouveau nous vient en aide, et qu'un acte récent confirme cette contradiction flagrante de la pratique de la Belgique avec toutes les théories de M. Teisserenc.

Dans la séance du 10 décembre dernier, le ministre des travaux publics de Belgique a soumis à la chambre des représentants un projet de loi de crédits et de concessions, pour l'exécution de divers travaux publics.

Au nombre des crédits demandés, figure une somme de 3,500,000 fr. pour *la construction d'un canal latéral à la Meuse, de Liége vers le canal de Maëstricht à Bois-le-Duc.*

On y a porté aussi une autre somme de 1,040,000 f. pour *la construction d'un canal de navigation, destiné à mettre la ville de Turnhout en communication avec le canal de la Campine.*

On lit dans l'exposé des motifs du projet de loi, pages 5 et 6 :

« Le capital d'établissement pour le canal de Liége
» à Maëstricht s'élèvera à 3,500,000 fr. Nous aurons
» à faire apprécier plus loin la haute utilité de ce
» travail, qui doit ouvrir le marché de la Hollande
» au bassin de Liége, et place cette province à la

» tête d'un système de navigation qui la mettra en
» communication non interrompue, d'un côté avec
» le canal de Bois-le-Duc, *de l'autre avec les canaux*
» *de la Campine*.

» La section des canaux de la Campine, de la
» Pierre-Bleue à Turnhout, était comprise dans *le*
» *système de canalisation*, tel qu'il a été présenté aux
» chambres par mon prédécesseur; l'exécution de
» cette section n'a été ajournée que jusqu'à l'époque
» où elle pourrait avoir lieu, sans affecter la situation
» financière. »

» Le projet de construire dans la Campine un ca-
» nal d'irrigation, destiné à fertiliser les vastes
» bruyères de cette contrée, ne serait que très-im-
» parfaitement réalisé, si la branche vers Turnhout
» restait inexécutée.

» *La seconde section vers Herenthals a pour objet*
» *moins l'irrigation, que l'établissement d'une ligne de*
» *navigation régulière, entre la Meuse et l'Escaut.* »

Enfin on lit, page 34 du même exposé des motifs :

« La Meuse offre au commerce de Liége deux na-
» vigations distinctes, l'une en remonte, vers la
» France, l'autre en descente, vers la Hollande.

» Pour la navigation en remonte, il faut chercher
» à perfectionner ce qui existe, de manière à obte-
» nir un tirant d'eau en rapport avec celui de la
» Meuse française ou du canal des Ardennes.

» Pour la navigation en descente, il faut aller plus
» loin ; là le problème ne peut être considéré comme
» résolu, qu'autant qu'on atteigne un tirant d'eau

» permanent de 2ᵐ 00, à 2ᵐ 10, égal à celui du canal
» de Maëstricht à Bois-le-Duc. Il faut, en d'autres
» termes, affranchir Liége de la nécessité des trans-
» bordements qui se font aujourd'hui à Maëstricht ,
» *et assurer à son commerce, en toute saison, des*
» *communications faciles, par eau, avec la Hollande et*
» LES PROVINCES DE LIMBOURG ET D'ANVERS. »

C'est donc bien une communication navigable, *de la Meuse à l'Escaut, de Liége à Anvers,* que le gouvernement belge a entendu réaliser par son *canal de la Campine* ; et c'est cette communication qu'il a voulu améliorer et fortifier, en proposant latéralement à la Meuse, entre Liége et Maëstricht, un nouveau canal aujourd'hui adopté par les chambres ; c'est bien là, tous les documents le constatent, et le bon sens l'indique, *le doublement du chemin de fer pour les relations de Liége avec Anvers.*

Les motifs d'une pareille création sont dans la nature même des choses, parfaitement connue et appréciée en Belgique.

Liége est la station la plus importante du chemin de fer belge pour les expéditions de marchandises de roulage ; elle a fourni en 1844, y compris les transports par location de wagons, une masse totale de 89,442 tonnes de grosses marchandises ; et elle a reçu 15,786 tonnes. Le mouvement total de la station de Liége, entrées et sorties, s'élève donc pour 1844 à 105,228 tonnes de grosses marchandises (1).

______

(1) Compte rendu de 1844 , pages XXVII et XXIX.

Le chemin de fer croise à Liége la Meuse ; quel est le tonnage de celle-ci ? En remonte vers Namur et les villes intermédiaires, Liége expédie 130,000 tonneaux.

Le mouvement de Liége vers Maëstricht et la Hollande était, avant la révolution, pendant les années 1828, 1829 et 1830, de 300,000 tonneaux par année. Le transport de la houille occupait alors à lui seul près de 600 bateaux belges et hollandais (1).

Les retours en remonte de Maëstricht vers Liége n'étaient pas inférieurs à 200,000 tonnes ; et les transports en descente de Namur à Liége s'élèvent en totalité à environ 150,000 tonnes (2).

Ainsi 780,000 tonneaux pour le mouvement total des ports de la Meuse à Liége, entrées et sorties, et 105,228 tonneaux pour le mouvement du chemin de fer !

Le mouvement du port d'Anvers est de plus d'un million de tonnes.

La station d'Anvers, d'après le compte rendu de

---

(1) *Annales des Travaux publics en Belgique*, t. 1er, pag. 116.
La séparation de la Hollande et de la Belgique avait ralenti ce mouvement ; il reprend depuis 1842, sous l'influence de l'abaissement des tarifs. D'après le rapport de M. l'ingénieur en chef Kümmer, annexé à l'exposé des motifs du projet de loi sur le canal de Liége à Maëstricht, le transport des houilles de Liége vers la Hollande aurait été, pour les dix premiers mois de 1844, de 163,495 tonnes.
(2) *Annales des Travaux publics*, t. 1er, pag. 116.

1844, a expédié par le chemin de fer pendant
l'année. . . . . . . . . . . . . . .  61,026 tonnes.
    Elle a reçu. . . . . . . . . . .  18,058
          Total . . . . .  79,084 tonnes.

    Charleroi a expédié, en 1844, par le chemin de
fer. . . . . . . . . . . . . . . . . .  21,035 tonnes.
    La même station a reçu . . . .  2,663
          Total. . . . .  23,698

    Les voies navigables, qui se croisent à Charleroi,
ont porté : la Sambre, 300,000 tonnes et le canal de
Charleroi à Bruxelles, 500,000.

    La station de Bruxelles a expédié  19,492 tonnes.
et elle a reçu. . . . . . . . . . .  65,110
    C'est pour 1844 un mouvement
total de. . . . . . . . . . . . . . .  84,602 tonnes.

    Celui des ports de Bruxelles est presque décu-
plé (1)!

(1) A propos du mouvement du port de Bruxelles, je rapellerai
à M. Teisserenc qu'il résulte du tableau annexé sous le n° 8, à
mon premier écrit, et qui m'a été fourni par M. le directeur des
taxes municipales de Bruxelles, que le canal de Willebrock a reçu,
du 1er octobre 1843 au 30 septembre 1844, entrées et sorties, 27,661
navires, présentant ensemble un tonnage total de 1,600,080 tonneaux ; ce qui fait, terme moyen, moins de 58 tonnes par bateau.
Ce que dit M. Teisserenc des 8 navires d'un tonnage supérieur à
150 tonneaux, qui seraient venus à Bruxelles en 1837, n'infirme
en rien ce fait, et vient à l'appui de l'argument, car cela prouve
que le nombre des bateaux de 40 à 50 tonnes est de beaucoup le
plus grand. Que le chemin de fer laisse passer les grands navires,
on le conçoit ; mais comment, dans le système de M. Teisserenc,
n'arrête-t-il pas les petits ?

Gand a reçu par le chemin de fer   7,958 tonnes.
et il a été expédié de la station de
Gand. . . . . . . . . . . . . . .   5,708
Total . . .  13,666

« A Gand , dit M. Perrot (1), la moyenne des ba-
» teaux, qui ont passé à l'écluse de la Pêcherie sur
» le Bas-Escaut, tant en remonte qu'en descente , a
» été, de 1836 à 1839, de 6,959 bateaux jaugeant
» ensemble 519,763 tonneaux ; et en 1842, le mou-
» vement a été de 8,941 bateaux, d'un tonnage total
» de 661,199 tonneaux. A l'écluse du Pont-Madou ,
» sur le Haut-Escaut, le mouvement moyen des
» quatre années 1836-1839 a été de 6,686 bateaux
» et de 677,201 tonneaux, et il a été en 1842 de
» de 7,524 bateaux et 815,599 tonneaux. »

Voilà les faits qui frappent les regards et qui dic-
tent les résolutions du gouvernement belge. Il voit
et apprécie cette énorme puissance des voies navigables, et il comprend que seule, elle a pu créer
la grande industrie, la grande production, et que
seule, elle peut la maintenir. C'est dans ce but qu'il
perfectionne, améliore et étend son réseau de navigation, que le chemin de fer serait impuissant à
remplacer ; et c'est ainsi qu'il voit se développer
chaque année un progrès constant, soutenu , rapide,

(1) *Des chemins de fer Belges*, par M. Perrot, membre de la
Commission centrale statistique, janvier 1844, pages 140 et 141.

dans le trafic de son chemin de fer, sous l'influence d'un accroissement énorme et progressif dans le mouvement des navigations parallèles. C'est ainsi, en un mot que ces deux instruments de richesse, de civilisation et de puissance, *concourent à leur but commun*, L'UTILITÉ GÉNÉRALE.

Ces discussions ne sont pas purement spéculatives. Elles ont, de part et d'autre, la prétention d'éclairer le Gouvernement et les Chambres, et, par conséquent, de se traduire en actes dans les décisions de la législature. Mais atteindra-t-on à ce but élevé, en jetant de préférence dans le débat tout ce qu'on a pu recueillir de faits exceptionnels ou incomplets, et en y faisant tomber comme une avalanche de chiffres, souvent hasardés, plus souvent présentés, accouplés de manière à produire sur l'esprit, non pas la lumière, non pas la conviction, mais une sorte d'ahurissement qui ne permet aucune résolution, nette, précise, féconde en résultats (1)?

Non, c'est d'un point de vue plus élevé qu'il faut

___

(1) Je citerai encore un exemple de ce mode de procéder de M. Teisserenc, qui semble s'attacher à surprendre l'imagination beaucoup plus qu'à convaincre l'esprit.

Il s'agit du chemin de fer d'Orléans, qui a donné, en 1844, un bénéfice net de 4,140,000 fr., représentant 8 p. 0/0 du capital entier dépensé.

« Rayons pour un moment, dit M. Teisserenc, la recette sur les
» marchandises du chiffre de la recette totale, sans rien changer
» au chiffre de la dépense, *ce sera supposer que la compagnie*
» *d'Orléans effectue* GRATUITEMENT *le transport des marchandises*;

envisager la question, c'est par les faits saillants et généraux, et non par les circonstances exceptionnelles qu'elle doit être tranchée.

L'organisation intérieure des moyens de transports, c'est tout l'avenir du commerce et de l'industrie d'un peuple, c'est l'indispensable instrument

» *nous aurons encore pour bénéfice net plus de 5 p. 0/0 du capi*
» *tal primitif.* »

Or, je demande quel est le résultat pratique qu'on peut déduire d'un tel argument.

A coup sûr, la compagnie d'Orléans est parfaitement maîtresse d'employer ses bénéfices sur les voyageurs à transporter des marchandises pour rien. C'est une liberté qu'on peut d'autant mieux lui signaler, qu'on peut être certain qu'elle n'en abusera pas. L'entreprise des Messageries royales a absolument la même faculté; elle peut, au lieu de donner de brillants dividendes à ses actionnaires, les restreindre à l'intérêt légal, et employer le surplus de ses recettes nettes à organiser des transports de roulage gratuits sur les routes.

Mais que feront les chemins de fer, qui ne donnent pas 5 p. 0/0 d'intérêt, et ceux-là sont les plus nombreux? Feront-ils aussi gratuitement le transport de la marchandise? Évidemment non. Et il n'y a ici que la preuve d'une chose bien connue, que la preuve du vice des concessions morcelées, qui répartit inégalement les bonnes et mauvaises parties de nos rail-ways, qui fait la ruine des uns, la fortune des autres, et qui mène enfin à ce résultat, que le public paye cher partout.

Est-ce que M. Teisserenc inclinerait à quelque mesure qui forcerait les compagnies à transporter gratuitement la marchandise, lorsque leurs bénéfices dépasseraient un certain revenu? J'applaudirais à l'intention, mais sans confiance, je l'avoue, dans le succès; car les compagnies trouveront bien le moyen de se dispenser d'un service qui n'aurait pour elles qu'un résultat négatif. Ainsi, la compagnie d'Orléans publie, dans son dernier compte rendu, que le transport de la marchandise lui revient, péage et intérêt à part, à 6 c. 9/10 par tonne et par kilom. Que l'on taxe la marchandise à 6 c., et la compagnie n'en transportera que le moins possible par convois spéciaux, pas du tout, si elle le peut.

Voilà le côté pratique de l'observation de M. Teisserenc!

de sa richesse, et, par conséquent de son bonheur, tel que la civilisation nous l'a fait et le conçoit. En matière si grave donc, point de ces actes imprudents et téméraires contre les grands et sérieux enseignements de l'expérience !

Les voies navigables ont été jusqu'ici le stimulant le plus actif de la production, les artères les plus vivaces de la vie industrielle et commerciale. La Seine a certainement fait Paris, Rouen et le Havre. Que serait Lyon sans le Rhône et la Saône ? Que seraient Bordeaux sans la Garonne, Nantes sans la Loire, Anvers sans l'Escaut ? Raisonner dans cette supposition que des chemins de fer auraient pu, venant plus tôt et en l'absence des fleuves, créer ces grandes métropoles, c'est tout simplement faire venir l'effet avant la cause, le fils avant le père ; car c'est la richesse accumulée de longue main par l'action puissante des voies navigables, qui a rendu les chemins de fer possibles ; c'est par cette richesse et pour elle que le chemin de fer est aujourd'hui un instrument éminemment utile, et qu'il entrera de plus en plus et très-rapidement dans les besoins de la civilisation.

Cette puissance primitive des fleuves et des rivières, les canaux l'étendent, en reliant les bassins entre eux, et en rattachant les uns aux autres les lieux où gisent les principaux matériaux de la production industrielle. Les canaux complètent artificiellement le système des fleuves et des rivières, et en forment un réseau plus puissant par sa continuité même.

Prononcer systématiquement, comme on le demande, l'*écartement des chemins de fer et des voies navigables* (1), ce serait se mettre en contradiction manifeste avec tous les faits réalisés. Car, quel que soit le mode de leur exécution, quels que soient les intérêts qui dominent dans leurs tracés, les chemins de fer vont s'installer, comme à plaisir, dans les vallées ouvertes aux lignes de navigation ; et chaque fois qu'il s'est présenté une occasion de choisir entre deux directions, l'une contiguë à une voie d'eau, l'autre éloignée de cette voie, c'est la contiguïté qui l'a emporté.

Est-ce une faute ou un malheur ? Non, à coup sûr, pour les chemins de fer. Car ce sont ceux qui sont tracés le long des voies navigables qui donnent précisément les meilleurs produits. Ainsi les entreprises de rail-ways les plus prospères de l'Angleterre, sont celles de Liverpool à Manchester, de Grande-Jonction, de Londres à Birmingham, de Great-Western, etc. ; et en un mot, si on compare les revenus moyens des chemins de fer anglais en concurrence

____

(1) C'est là, comme on sait, l'*idée* fondamentale du système de M. Teisserenc : « En attendant que *le temps m'aide à la faire* » *triompher, et il m'y aidera,* » dit-il, dans la *Presse* du 14 avril. — Il faudra pour cela que le temps se hâte, car, tout prochainement, l'*idée* de M. Teisserenc ne trouvera plus une application possible en Europe.

avec les lignes navigables, au revenu moyen des chemins de fer qui sont affranchis de cette rivalité, on trouve 8 p. $^{\circ}/_{\circ}$ pour les premiers, environ 3 p.$^{\circ}/_{\circ}$ pour les seconds ; en moyenne générale, 5 1/2 p. $^{\circ}/_{\circ}$. La section du chemin de fer belge qui donne les plus grands produits est celle d'Anvers à Bruxelles(1). En France, les chemins de fer d'Orléans et de Rouen sont en rivalité avec des voies d'eau, ce qui ne les empêche pas d'être dans une grande prospérité qui doit s'accroître encore.

Mais c'est là un fait qui ressort de la nature des choses ! Les chemins de fer, qui vivent de la richesse publique, vont la chercher où elle est, et par conséquent sur les bords des rivières et des canaux qui la créent et la développent. Ce rapprochement, qui impressionne si vivement M. Teisserenc, du revenu actuel des chemins de fer, *après quelques années d'exploitation, avec le revenu des canaux, qui ont mis quarante ans à former leur clientèle* (2), prouve précisément que les canaux ont préparé de longue main la venue et le succès financier des chemins de fer, et ce serait par trop s'abuser, que de croire que ceux-ci venant les premiers, et ne trouvant pas sur leur parcours

(1) Le revenu total du chemin de fer belge a été d'environ 4 pour 100 en 1844 ; d'après M. Teisserenc (*Presse* du 4 mai) la section de Bruxelles à Anvers, prise séparément, produit 13 pour 100 de son capital.

(2) J'ai déjà signalé tout ce qu'il y a de fautif dans ces rapprochements *à effet*. Ici ce n'est plus seulement le produit de la seule marchandise, c'est le revenu total des chemins de fer que M. Teisserenc compare à celui des canaux, c'est-à-dire qu'il met en pré-

cette immense activité développée par les voies navigables, seraient pourtant parvenus de prime-saut à
la situation actuelle.

Quant aux lignes de navigation atteintes par la
concurrence des chemins de fer, quelle est leur situation ?

Elles ont perdu de leurs *revenus* comme entreprises
industrielles, sans doute ; mais pourquoi ? C'est que
leurs *revenus* étaient une surcharge énorme pour
l'industrie. C'est qu'elles avaient mis leurs services
à un prix exorbitant. Encore une fois, pouvait-on
espérer que les concessionnaires des canaux anglais,
forcés de subir des réductions de tarifs, qui vont
sur quelques articles jusqu'à 75 p. %, obligés de
renoncer à toutes les perceptions illégales, aux véritables exactions dont ils avaient grossi leurs recettes, contraints d'ailleurs à des travaux d'entretien
et de perfectionnement jusqu'alors négligés, pouvait-on espérer, dis-je, qu'ils maintiendraient leurs
anciens revenus, et que la *valeur vénale* des voies
navigables ne serait pas affectée par des change-
ments si profonds ? Évidemment non ! Les recettes
ont fléchi, et avec elles, le prix des actions.

sence le péage acquitté sur ceux-ci avec les produits non-seulement
du péage, mais encore de l'entreprise du transport sur les rail-ways,
et on notera de plus que le péage des canaux ne s'applique qu'à un
mouvement de marchandises, tandis que le transport sur chemin
de fer, dont les produits sont confondus avec le péage, concerne,
outre le service de la marchandise, la circulation plus productive
des voyageurs.

Mais les services rendus à la communauté par les canaux ne se mesurent pas sur les recettes qu'ils donnent, mais sur les masses qu'ils portent ; et à ce point de vue, qui est celui de l'*utilité publique*, les grandes lignes navigables en Angleterre ont conservé leur ancienne importance. Car leur tonnage s'est à peu près maintenu ; seulement il s'est transformé, en remplaçant par des marchandises lourdes et encombrantes les marchandises chères qui ont passé à la clientèle des chemins de fer. En Belgique, où les tarifs de navigation n'ont pas eu besoin d'être réduits, l'accroissement des transports sur les voies navigables s'est manifesté par une augmention progressive dans les recettes de l'État sur les rivières et canaux ; ce qui fait dire à M. Perrot, dont j'ai déjà eu l'occasion de citer l'excellent ouvrage : « *Il s'ensuit que si ces canaux appartenaient,* » *comme les canaux anglais, à des compagnies particu-* » *lières, le cours des actions devrait être plus élevé,* » *maintenant qu'avant l'ouverture des chemins de fer.* » *Ce rapprochement est encore tout à l'avantage de la* » *Belgique (1).* »

Qu'on rapproche maintenant, car c'est par là que la question doit être jugée, ces grands faits de l'expérience :

Les chemins de fer en rivalité avec des voies navi-

(1) *Des Chemins de fer belges*, pag. 140.

gables sont en général ceux qui donnent les meilleurs produits.

Les voies navigables concurrentes , et il s'agit des grandes lignes de navigation , ont augmenté leur tonnage en Belgique , et l'ont maintenu en Angleterre. Le tonnage de la Seine n'a que peu fléchi , malgré les difficultés de la remonte ; celui du canal d'Orléans est aussi à peu prés ce qu'il était avant la concurrence du rail-way.

Si maintenant on compare le tonnage sur les *grandes lignes* des chemins de fer avec celui des navigations parallèles, on voit que celui-ci est fort supérieur à celui-là, et que les différences sont énormes, surtout en Belgique. Ce qui fait ressortir, quant aux masses transportées, une supériorité de puissance de la voie d'eau sur la voie de fer, qui serait évidemment, et sur un grand nombre de points, incapable de réunir à son service propre celui de la navigation concurrente.

On voit d'ailleurs affluer vers les voies d'eau tous les produits lourds, encombrants, de peu de valeur, qui réclament avant tout des transports à très-bas prix. Ce qui est la démonstration pratique, quelques chiffres et quelques prétentions qu'on oppose, de l'économie des transports par eau.

Enfin, en Angleterre, il résulte de la contiguïté des chemins de fer et des canaux, un abaissement simultané des tarifs et par suite une activité nouvelle dans le mouvement général du commerce et de l'industrie. Cette activité croissante est constatée, en Belgique, par tous les documents officiels, et là elle n'a pas eu besoin d'être provoquée par des réductions de tarifs sur les voies navigables. Nul doute qu'elle ne se produise en France à mesure qu'on y complétera le double réseau de la navigation intérieure et des chemins de fer.

Ainsi donc, et pour résumer en peu de mots ces grands résultats de la pratique, prenez l'ensemble des faits ; prenez-le *sur les grandes lignes dont l'étude seule peut être applicable à la constitution du réseau français*, et vous trouverez :

1° Prospérité des chemins de fer le long des lignes navigables, plus grande que partout ailleurs ;

2° Maintien de l'ancien tonnage des voies d'eau, qui reste encore fort supérieur à celui des voies de fer ;

3° Tendance générale à une répartition de clientèle entre les deux voies concurrentes ; les canaux retenant et appelant les lourdes consommations de l'industrie, tandis que les chemins de fer s'approprient les objets manufacturés, ou les matières premières de grand prix ;

4° Réduction générale des prix de transport, et par des modérations de péage, et par l'abaissement des frais de manutention et de locomotion de la marchandise ;

5° Accroissement général dans la circulation,

dans la production et par conséquent dans les services rendus.

Voilà les faits généraux qui ressortent de l'étude *des grandes lignes de chemins de fer*.


Maintenant, pour ne parler que de ce qui existe, Y A-T-IL UTILITÉ PUBLIQUE à ce que les chemins de fer, les plus richement dotés, soient débarrassés de la concurrence des voies navigables pour accroître, sans efforts et sans combats, des revenus qui atteignent 8, 10 et 12 pour cent? Evidemment non! L'utilité publique réclame, c'est vrai, que la prospérité des chemins de fer, si grande qu'elle soit, augmente encore, mais ce n'est pas par l'anéantissement des voies rivales, mais bien par le développement des transports, par l'extension des services rendus; et ce développement, cette extension ne peuvent être que le résultat de la concurrence.

Supprimez pour ces chemins de fer, aujourd'hui si productifs, la rivalité des voies navigables, et vous verrez se renouveler pour les rail-ways tous les abus qu'avait produits en Angleterre le monopole des canaux. Ce sera à l'élévation des tarifs, ce sera à tout ce que les compagnies pourront imaginer de perceptions accessoires et arbitraires, qu'elles iront demander des augmentations de revenus. C'est la force des choses, et plus encore pour le chemin de fer que pour le canal, car le concessionnaire du premier a un travail à opérer et une dépense spéciale à faire pour le transport de chaque tonne; tandis que le concessionnaire du second n'a qu'un péage à percevoir. Vous aurez donc peut-être augmenté le revenu du chemin de fer, vous aurez accru *sa valeur vénale*, mais ses services seront plus coûteux, ils seront amoindris, SON UTILITÉ PUBLIQUE *sera restreinte*.

Or, si la coexistence *actuelle* dans les mêmes directions et dans les mêmes vallées des deux systèmes de communication a de tels résultats, si elle réalise aussi évidemment le CONCOURS des circonstances les plus favorables au développement de l'activité industrielle et commerciale, n'y aurait-il pas, en dehors des lignes de navigation déjà existantes, quelques directions nouvelles qui, par leur position propre, par les éléments de production qu'elles rencontrent, appelleraient à priori et provoqueraient un pareil CONCOURS ?

On le voit, il ne s'agit pas ici d'accoler partout et *quand même*, un canal à tout chemin de fer. En fait de canaux, je ne suis pas pour les excès. Je trouvais que le réseau de notre navigation intérieure, tel qu'on l'imaginait et qu'on le proposait avant 1830, offrait des développements qui étaient loin d'être justifiés, et qui dépassaient par trop tout ce qu'il est raisonnablement permis d'attendre des facultés productrices du pays. Aujourd'hui les chemins de fer ont introduit un élément nouveau dans la question. Les chemins de fer se propageront, s'étendront, ça n'est pas douteux; et il est clair que sur un grand nombre de points, ils suffiront à tous les besoins.

Mais cela ne change rien à ce fait que SUR LES LI-GNES PRINCIPALES, QUE DANS LES GRANDS COURANTS DE LA CIRCULATION COMMERCIALE, LA RICHESSE PU-BLIQUE SUFFIT LARGEMENT A ALIMENTER A LA FOIS LES VOIES DE FER ET LES VOIES D'EAU, ET QU'ELLE TROUVE DANS LEUR CONCOURS MÊME LES MEILLEURES CONDI-TIONS DE SON DÉVELOPPEMENT.

M. Teisserenc avait donc parfaitement raison de publier dans *la Presse* du 30 juin 1844, « *qu'il ne faut* » *pas induire que le parallélisme des canaux et des che-* » *mins de fer doit être* ABSOLUMENT ÉVITÉ ; » et il n'a-vait pas moins raison quand il ajoutait que « *pour* » *l'autoriser, il fallait des motifs* PUISSANTS, — DES RAI-» SONS DÉCISIVES. »

Mais il avait tort lorsqu'il contestait que « *ces mo-* » *tifs puissants, que ces raisons décisives existassent pour* » *la continuation du canal de la Marne au Rhin.* »

Ici encore nous retrouvons chez M. Teisserenc cette préoccupation systématique dont j'ai déjà si-gnalé les effets sur le caractère général, et par con-séquent sur la valeur finale de sa discussion. Com-ment M. Teisserenc, lorsqu'il était question du *canal de la Marne au Rhin*, a-t-il oublié ce qu'il écrivait en 1842, à l'occasion du *canal du Rhin au Danube*. Qu'il se reporte, puisque sa mémoire lui fait défaut, à la page 481 de son ouvrage : *De la politique des chemins de fer*, et il y lira ce qui suit :

« On peut à bon droit contester, en *thèse générale*,
» la supériorité des canaux sur les chemins de fer.
» On peut aller plus loin, et prouver, comme nous
» l'avons fait, que *très-souvent* c'est l'opinion con-
» traire qui doit prévaloir ; *mais dans le cas particulier*
» *de la jonction du Danube au Rhin, aucun chemin de fer*
» *ne pourrait tenir lieu du canal Louis.*

» Là, en effet, par une coupure de 175 kilo-
» mètres, on réunissait deux fleuves navigables sur
» plus de 3000 kilomètres, et dont les bassins,
» riches en affluents de première importance, oc-
» cupent un espace égal à sept fois le bassin de la
» Loire. Par cette jonction, on mettait l'Allemagne
» centrale en rapport avec tous les canaux de la Hol-
» lande, de la Belgique et de la France, avec les
» ports de l'Océan, de la mer Noire et de la mer
» du Nord ; on ouvrait la route intérieure de
» l'Inde.

» D'autres considérations puissantes, spéciales à
» la Bavière, militaient en faveur de cette création.
» Les contrées au travers desquelles devait passer
» la voie navigable étaient riches en belles et anti-
» ques forêts, inexploitées faute de voie de commu-
» nication, et qui ne peuvent manquer, après l'a-
» chèvement du canal, de trouver vers les ports de
» l'Océan un précieux débouché  Le sol fertile de la
» Bavière produit chaque année 130,000 tonneaux
» de grains inutiles à la consommation de ses habi-
» tants, et qui ne peuvent s'expédier au dehors que
» par des moyens de transport économiques, etc. »

Or, je le demande, tout cela n'est-il pas littérale-
ment applicable au canal de la Marne au Rhin? L'exécution même du canal bavarois n'est-elle pas un
MOTIF PUISSANT, UNE RAISON DÉCISIVE pour l'achèvement du canal Français?

Eh quoi, ce qui vous détermine en faveur du
canal du Rhin au Danube, c'est l'étendue des bassins, c'est l'importance de leurs nombreux affluents,
c'est enfin cette continuité de la navigation sur une
immense partie du territoire européen! mais si cela
a tant de valeur, comment donc hésiteriez-vous à
rattacher *directement*, et par la ligne la plus courte,
le bassin de la Seine, ses affluents et ses canaux, à
ce vaste ensemble, que le canal Louis réalise d'un
seul coup? N'est-ce pas par le canal de la Marne au
Rhin que vous compléterez, sur notre territoire, cette
route intérieure de l'Inde, cette communication de
l'Océan à la mer Noire? n'est-ce rien pour vous que
de faire du Havre l'extrémité presque nécessaire de
cette grande ligne européenne, dirigée par Paris et
Vienne, sur Constantinople et Odessa?

Ce qu'il vous faut pour justifier un canal, ce sont
de *belles forêts*; que voulez-vous de mieux? En voilà
dans les départements desservis par le canal de la
Marne au Rhin, *un million d'hectares*, dont près
*de huit cent mille appartiennent à l'État et aux com-
munes*, et l'achèvement du canal sera payé par le seul
accroissement des produits de l'État sur ce point.

Ce qu'il vous faut, c'est l'abondance des grains;

la Meurthe et la Moselle sont, de tous les départements français, ceux où les céréales se vendent au
plus bas prix.

Mais est-ce là tout le but du canal de la Marne au
Rhin ? son importance finit-elle là ?

M. Teisserenc sait bien le contraire ; car, il écrivait,
en 1842 : « sur le plus grand nombre de points, et
» notamment dans la Haute-Marne, la production
» du fer, qui tend à prendre un accroissement con-
» sidérable, *est arrêtée par le prix élevé des houilles.*
» Une voie de communication, qui remédierait à
» cet inconvénient, *qui répandrait dans ces indus-*
» *trieuses contrées les charbons de Saarbruck, très-*
» *propres à opérer le pudlage,* et les charbons de
» Saint-Étienne, qui pourraient être mélangés au
» bois, pour la fusion des minerais, serait donc
» pour le pays un immense bienfait. »

Voilà, certes, une chance considérable, une
chance assurée d'accroissement pour le mouvement
actuel, dans la direction du canal de la Marne au
Rhin. Pourquoi M. Teisserenc n'en a-t-il pas tenu
compte dans la discussion de l'an dernier ?

Pourquoi ? c'est que, ce qu'il voit partout, c'est
son système !

S'agit-il du tonnage général, du roulage actuel
de la route de Strasbourg ? M. Teisserenc, le 10 septembre 1843, alors qu'il voudra faire diriger par
Troyes les chemins de Lyon et de Strasbourg, pour
les détacher de là, l'un vers l'Est, l'autre vers le
Sud, s'exprimera en ces termes :

« Si l'on ajoute au contraire au mouvement pro-
» bable du tracé de la Seine :

. . . . . . . . . . . . . . . . . . .

» 6° Le tonnage du roulage ordinaire, sur la route
» de Strasbourg, tonnage estimé à 180,000 ton-
» neaux, sur toute la ligne, par une commission
» législative (1). »

Et il reprochera à M. le comte Daru de n'avoir pas
porté au compte du *tronc commun*, « le mouve-
» ment qui s'effectue aujourd'hui par les routes de

» Bussang, Épinal et Nancy.

» Colmar, Saint-Dié et Nancy (2). »

Mais dans *la Presse* du 1er juillet 1844, M. Teisserenc ne comptera plus le tonnage du roulage sur la
route de Strasbourg, que pour 42,699 tonnes; et il
négligera les directions de Bussang, et de Colmar qui
sont précisément les plus chargées.

Ainsi le roulage de la route de Strasbourg vient
toujours à point glorifier le *système* de M. Teisserenc,
par un tonnage élevé, s'il faut faire passer le chemin
de fer par Troyes; par un tonnage très-faible, s'il
faut poursuivre l'abandon du canal.


Puisque je suis ramené à cette discussion de 1844,
puis-je ne pas rappeler cette *démonstration graphique*,
que M. Teisserenc donnait le 1er juillet aux lecteurs de
*la Presse*, de la facilité de substituer le chemin de fer au

(1) *Des principes généraux qui doivent présider au choix des
tracés des chemins de fer* (p. 39).
(2) *Ibid.*(p. 37).

canal. « Nous voulons démontrer, disait-il, que les
» acquisitions de terrain, les terrassements, les ponts,
» les viaducs commencés ou achevés pour recevoir le
» canal, *se prêtent également bien à recevoir un chemin*
» *de fer.* » Et comme preuve, il produisait le dessin
du profil en travers du canal, celui du profil en travers du chemin de fer; et il montrait en les super-
posant, que la largeur au fond du canal, qui est de
10 mètres, est suffisante pour recevoir la largeur du
chemin de fer, qui n'a que 7 à 8 mètres en couronne.
Ainsi, 10 *est plus grand que* 8! je défie qu'on trouve
autre chose dans la démonstration de M. Teisserenc,
et dans les figures dont il a illustré *la Presse* du 1er
juillet dernier. Eh bien oui, 10 *est plus grand que* 8;
et pourtant, cette substitution du chemin de fer au
canal, n'aboutirait qu'à *une plus grande dépense pour*
*un plus mauvais résultat* (1). Voilà ce qui ressort de

(1) Voudra-t-on, pour parer aux vices de ce bizarre accouple-
ment, appliquer ici le système atmosphérique? On l'a proposé, m'a-
t-on dit; mais c'est encore une inconséquence. Le chemin de fer
de Strasbourg s'est particulièrement produit comme chemin stratégique. C'est évidemment le plus exposé de tous les chemins français, surtout au delà de Nancy, et vis-à-vis de la trouée de Sarrelouis,
où la France n'a véritablement pas de frontière. On s'est préoc-
cupé, dans de pareilles circonstances, de la possibilité pour l'ennemi, d'interrompre la circulation sur le chemin. Mais s'il est
facile, dans un coup de main, de démonter quelques centaines de
mètres de la voie de fer, et d'en disperser les matériaux, c'est,
après tout, un malheur aisément réparable, et il pourra suffire de
quelques heures pour y remédier. Mais dans le système atmosphérique, ce n'est pas seulement la voie qui est exposée, c'est aussi le
*matériel de locomotion* qui se trouve compromis. Qu'une seule
pièce importante d'une des machines de propulsion soit détruite,
et le service se trouvera interrompu pour plusieurs jours, quelque-

l'examen des plans et des profils, et en un mot, du seul genre de démonstration que l'on puisse appliquer à une question semblable.

Je terminerai là cet examen ; quand, en pareille matière, les faits essentiels et généraux sont acquis, c'est se donner une tâche stérile que de peser un à un, et jusqu'au dernier, tous les détails, pour ramener chacun d'eux à sa valeur pratique. Le débat a des proportions plus grandes, que je ne veux pas lui faire perdre, en l'égarant dans des discussions qui, favorables ou contraires, ne peuvent rien sur la solution (1).

fois pour plusieurs mois. Il est évident même que ces appareils seraient le point de mire des incursions de l'ennemi, et qu'il en mettrait le plus grand nombre possible hors de service. D'ailleurs les locomotives ordinaires ne pourraient pas ici suppléer, momentanément, au repos forcé des machines fixes, puisqu'on n'aurait eu recours au système atmosphérique, qu'afin d'éviter le surplus de dépense et de travaux nécessaires pour approprier le chemin à l'emploi des locomotives.

Si praticable donc qu'on suppose le système atmosphérique pour les grandes lignes, il faudrait pour l'appliquer à celle de Strasbourg, déclarer que tout ce qui a été dit de l'utilité stratégique et des chances à la guerre des chemins de fer est absolument sans valeur.

(1) Je dois cependant reconnaître l'erreur que j'ai commise dans l'appréciation du tonnage du canal de Givors. A défaut de relevés officiels, j'ai été forcé de conclure ce tonnage de la réduction du tarif d'une part, et de la diminution survenue de l'autre dans la valeur vénale des actions. J'ai pris la réduction des tarifs dans l'enquête de 1835 ; c'est un chiffre officiel et authentique. La perte sur la valeur des actions, c'est M. Teisserenc qui me l'a fournie ; et c'est probablement là qu'il faut chercher la source de mon erreur. Au surplus

Le concours des voies de fer et des voies d'eau, sur les grandes lignes commerciales, doit avoir sur le développement industriel des conséquences incalculables. C'est un fait énorme, que cette réduction de moitié et des trois quarts, qui vient atteindre tout d'un coup les péages excessifs, dont avaient été grevées jusqu'ici les grandes lignes de navigation intérieure en Angleterre, et qui coïncide avec des améliorations matérielles aux voies navigables, et avec les progrès de la batellerie sous l'action de la concurrence. Le fait de l'accroissement continu, du mouvement de la navigation intérieure en Belgique, de l'extension et du perfectionnement de ses voies d'eau, à côté de l'activité croissante du chemin de fer, n'appelle pas moins l'attention de la France.

je rappelle que le canal de Givors n'offrait au commerce qu'une navigation de 16 kilomètres de longueur; que les houilles ne l'atteignaient qu'après un coûteux transport par terre; et que, pour gagner Lyon elles avaient encore à subir la remonte d'une partie difficile du Rhône. C'est pour parer au premier de ces inconvénients et améliorer ses conditions de lutte que la compagnie a demandé et obtenu une ordonnance royale qui l'autorise à prolonger le canal sur 5,000 mètres. Cette ordonnance est du 5 décembre 1831, et, en 1844, le canal n'était pas encore en eau dans l'étendue du prolongement autorisé. D'ailleurs, dans l'intervalle, la compagnie avait fait avec le chemin de fer un premier arrangement, qui vient d'être converti en un bail de 30 ans. Voilà les faits. Qu'en peut-on conclure, je le demande, pour la constitution du grand réseau français, pour des lignes comme celles de Paris à Lyon et à Marseille, de Paris à Strasbourg, etc.? que peut-on conclure même du chemin de Saint-Étienne ou de l'exploitation de chemins tels que ceux de Hartlepool qui a 24 kilomètres, ou de Croydon qui en a 14? sinon que ce sont là des exceptions, et qu'il vaudrait autant aller chercher ses renseignements sur des ateliers de déblai et de remblai.

Quoi qu'elle fasse, dans les luttes internationales, son industrie aura toujours contre elle le désavantage des longs transports intérieurs! A cette chance d'infériorité, il n'y a pour la France qu'une ressource, ce sont les bas tarifs et le prix le plus bas possible de la locomotion, surtout pour les combustibles et les matières premières encombrantes, dont l'immense consommation affecte si gravement l'énergie de la production. Croit-on sérieusement que les chemins de fer, livrés à eux-mêmes, puissent, sans les canaux, atteindre à ce résultat, et soutenir seuls la lutte contre l'action simultanée et concurrente des voies de fer et des voies d'eau en Belgique et en Angleterre? Évidemment non, et le temps serait mal choisi pour imposer des entraves nouvelles à nos lignes de navigation, ou pour arrêter leur développement, alors que les anciennes entraves disparaissent chez nos rivaux, et font place à des améliorations réelles.

Or, le canal de la Marne au Rhin, ce lien nécessaire des grands cours d'eau de la Champagne, de la Lorraine et de l'Alsace ; ce RHIN FRANÇAIS qui doit faire du Havre le rival privilégié de Rotterdam et d'Anvers, pour les rapports de l'Allemagne centrale avec l'Océan (1); ce complément sur le territoire

(1) Je ne puis qu'indiquer ici l'excellente note que vient de publier M. l'inspecteur Minard, sous ce titre : *Un Episode de la guerre des canaux et des chemins de fer.* Tous ceux qui la liront reconnaîtront immédiatement les chances certaines de supériorité de la ligne navigable de la Seine au Rhin sur la remonte du Rhin, et *à fortiori* sur le chemin d'Anvers à Cologne.

français de la plus grande et de la plus belle ligne de navigation intérieure que l'Europe puisse posséder; le canal de la Marne au Rhin a encore ce caractère qu'il rencontre sur sa route tous les matériaux, qui forment les éléments essentiels de la grande clientèle des canaux : ainsi les houilles, les minerais, les bois, les matériaux de construction, les sels, les produits chimiques, etc. Il commence et finit presqu'au sein de deux grands foyers de production : la Haute-Marne et la Meuse, d'un côté, l'Alsace de l'autre; les contrées qu'il traverse sont très-fertiles, et leurs populations, éminemment industrielles, se sont placées à la tête de la production dans tous les genres d'entreprises auxquelles elles se sont livrées, comme les verreries, les cristalleries, les fabriques de glaces, les faïenceries, les papeteries, etc.; le canal de la Marne au Rhin est donc tracé dans la direction d'un grand mouvement industriel, d'une ligne commerciale du premier ordre, d'un de ces grands courants, pour lesquels nous voyons se réaliser, avec tant d'avantage, pour l'accroissement de la richesse publique, la contiguïté des canaux et des chemins de fer.

Au reste, la solution n'est pas douteuse; ce qui importe, c'est qu'elle ne se fasse pas attendre. L'énorme capital déjà engagé, les grands résultats à poursuivre, la situation déplorable des industries à soulager, les pertes de l'État par suite d'une première suspension, les dommages directs et plus considérables que lui ferait éprouver un nouvel ajournement, les difficultés qui s'ensuivraient pour le règlement de tous les engagements contractés, enfin la construction du chemin de fer qui doit retirer de la mise en navigation du canal tant de facilités, et qui doit y trouver une si grande économie, tout se réunit pour provoquer une décision immédiate, et pour attacher à tout retard des conséquences déplorables.

---

J'ai l'honneur d'être chargé à la fois, comme ingénieur en chef, d'une importante section du canal de la Marne au Rhin, et de la section contiguë du chemin de fer de Paris à Strasbourg. Je suis à ce titre l'un des défenseurs-nés de tous les deux ; et j'ai déjà prêté au chemin de fer l'appui que je donne aujourd'hui au canal. Pour l'un comme pour l'autre, l'utilité publique m'a seule inspiré et dirigé ; et il me semble que ma discussion a donné à ceux qui m'ont combattu, autre chose à faire qu'à y chercher je ne sais quel retour d'intérêt personnel ou d'esprit de corps. J'aurais à ce sujet une sévère réplique à faire *au cinquième article de la Presse* ; mais il ne me va pas d'introduire des personnalités dans de pareils débats. Que l'auteur sache seulement, pour le cas où il voudrait se réserver le privilége du désintéressement, que les ingénieurs des ponts et chaussées n'ont pas le moindre souci de leur avenir; que plusieurs d'entre eux ont souvent préféré le service de l'État aux riches rémunérations de l'industrie particulière; et que tant qu'il y aura des travaux à faire en France, et certes nous ne sommes pas au bout, quelque mode qu'on adopte pour leur exécution, l'expérience et le zèle des ingénieurs des ponts et chaussées ne seront pas stériles.

Paris, juin 1845.

CANAUX ET CHEMINS DE FER DU NORD DE LA FRANCE ET DE LA BELGIQUE.

LÉGENDE

Système des voies navigables.

Fleuves et Rivières Navigables
Canaux { Livrés à la Navigation
{ En construction

Système de Chemins de Fer.

Terminés
Chemins de Fer { Concédés, mais non terminés
{ Ordonnés, mais non concédés
Bassins Houillers.

Du Concours des Canaux et des Chemins de Fer, &c.
Par Ch. COLLIGNON, Ingénieur en Chef, &c.